Gerd Grün

Der große Wolf vom Gévaudan

Bochum 2021

Bibliografische Information der
Deutschen Bibliothek:
Die Deutsche Bibliothek verzeichnet diesen Titel in
der Deutschen Nationalbibliografie;
detaillierte bibliografische Daten sind im Internet
über https://www.dnb.de abrufbar.

Grünverlag Bochum 2021
www.gruenverlag.de
ISBN 978-3-935007-20-7
Herstellung: Books on Demand GmbH, Norderstedt

Gerd Grün

Der große Wolf vom Gévaudan

Ein Bericht, kein Gerücht

nach: François Fabre, La Bête du Gévaudan. 1930

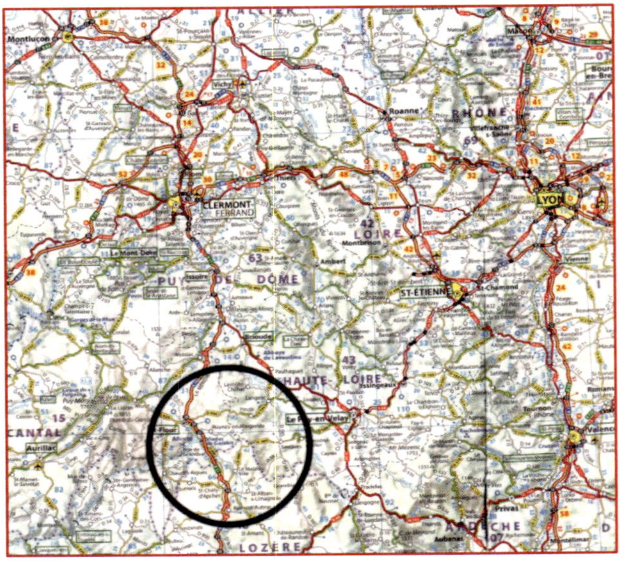

Die Lage der im Text behandelten Region innerhalb Südostfrankreichs. Weitere Karten im Anhang.

Der Gévaudan ist eine alte Region im südlichen Frankreich. Er entspricht dem heutigen Département Lozères und der Südwestecke des Départements Haute-Loire. Im Westen grenzt der Gévaudan an die Auvergne, genauer gesagt an das Département Cantal. Verbindende Landschaftsstruktur für die genannten Départements ist die waldige Gebirgsregion der Margeride. Wald und Landwirtschaftsflächen sind charakteristisch für den Gévaudan.

Die Geschichte des großen bösen Wolfs vom Gévaudan fing sicher nicht erst an, als Duhamel, Capitaine der Freiwilligenbrigade von Clermont, im September 1764 die lange erhoffte Anordnung erhielt, sich mit 40 Fuß- und 17 berittenen Dragonern nach Langogne zu begeben.
Sie fing auch nicht mit der Nachricht an, welche sich am 3. Juli 1764 mit der Geschwindigkeit des Gerüchts verbreitete, dass in der Gemeinde Saint-Étienne-de-Lugdarès ein namenlos gebliebenes vierzehnjähriges Mädchen von einem wilden Tier gefressen worden sei. Die Nachricht vom 3. Juli schien nichts anderes zu sein als die Gerüchte, welche man immer wieder einmal weitergab, hier und dort sei dieser und jener von einem Wolf angefallen worden. Soll nicht achtzehn Jahre zuvor einem Schäfer bei Aurillac das gleiche geschehen sein? Seit Jahrhunderten war es doch so.
Fing sie also schon in den unbekannten Vorzeiten an, als die Menschen auf die Tiere trafen, die Wölfe, die Füchse, die Höhlenlöwen und Höhlenbären, die Mammuts und die Hirsche, und nicht nur

lernten, sich vor ihnen in Acht zu nehmen, sondern sie als Unholde, als Abgesandte der Dunkelheit und des Bösen zu fürchten? Die Wölfe, welche schon hunderttausend Jahre vor den Menschen in Frankreich waren, nicht weit südlich vom Gévaudan, und dann, vor 30000 Jahren, mit den Menschen zusammentrafen und dann, vor 26500 Jahren, zu Hunden gewandelt, ihre besten Freunde geworden waren, nicht weit östlich vom Gévaudan.

Sie war aber kein Gerücht und die Geschichte fing wohl an, als es sich vier Wochen nach dem Überfall auf das Mädchen herumsprach, am 8. August 1764 sei in Masméjean, keine fünf Kilometer von Saint-Étienne-de-Lugdarès entfernt, ein ebenfalls bis heute namenlos gebliebenes, fünfzehnjähriges Mädchen von einem wilden Tier gefressen worden.

Der August war noch nicht vorüber, da wurde 27 Kilometer von Masméjean entfernt in der Gemeinde Chaudeyrac ein drittes Kind, abermals von fünfzehn Jahren, von einem wilden Tier getötet.

Entsetzen, Aufregung, Besorgnis erfasste den gesamten Gévaudan. Kein Zweifel, es musste ein Wolf sein, und zwar ein und derselbe. Bären gab es im Königreich Frankreich schon lange nicht mehr, allenfalls in den Pyrenäen, einige hundert

Meilen weit weg. Kein Zweifel, es musste etwas unternommen werden.
Doch das Untier hielt sich nicht lange mit Überlegungen auf und fiel schon Anfang September ein weiteres Kind in Chaudeyrac an und eine Woche später, am 7. September, nicht mehr ein Kind, sondern eine Frau von 36 Jahren, dieses Mal in der Gemeinde Arzenc, fünfzehn Kilometer westlich gelegen. Eine Woche hielt es still, dann holte es sich 20 Kilometer östlich am Abend des 16. September in Saint-Flour-de-Mercoire wieder ein Kind.
Sollte das so weitergehen? Das konnte man nicht zulassen! Ängste und Entsetzen schlugen um in Empörung und Forderungen. Entschlossen musste das Untier verfolgt und niedergemacht werden, erschlagen und erschossen!
In der Umgebung der Orte, wo der Wolf die blutige Spur seiner Anwesenheit hinterlassen hatte, fanden sich Männer zusammen, die bewaffnet auszogen, und sei es auch nur, um das Ungeheuer zu vertreiben, ihm selbst Angst und Unruhe einzujagen. Aber sie alle waren erfolglos, und wie zum Spott tötete der Wolf in der Gemeinde Rocles sein siebtes Opfer, wieder ein Mädchen, diesmal zwölf Jahre alt.

Aber war es ein Wolf? Dieses Mal hatten die erfolglosen Männer doch wohl das Tier immerhin vor Augen gehabt?
Ja, die Gestalt eines Wolfes hatte es, doch, ja, und sonst ... doch, wenn man ein wenig Fantasie zu Hilfe nahm, hatte man es gut gesehen, viele lange, gekrümmte, spitze Zähne, wie bei einem Wolf, aber an den Vorderpfoten lange Zehen mit sechs noch längeren Krallen, eher wie die Klauen eines Bären, an den Hinterbeinen hatte einer jedoch Pferdehufe gesehen, auf denen das Untier sich wie ein Pferd hochaufrichten konnte, wusste ein anderer, und es stürzte sich mit den Fangzähnen auf Gegner und Beute. Groß? Wie ein Kalb oder ein siebenjähriger Stier, aber so lang wie ein Panther, schwarzes Fell hatte es und an den Flanken rote Haare, auch die Augen waren die eines Kalbs, aber funkelnd, jedenfalls Abkömmling eines Löwen.

Diese und alle weiteren Textabbildungen stammen aus der Zeit des großen Wolfs. Übernommen aus: Fabre 1930

Pfarrer Ollier aus Lorcières, der weder diesen noch vielleicht irgendeinen anderen Wolf je gesehen hatte, beschrieb ihn später gleichwohl so: „Das wilde gefräßige Tier hat einen langgestreckten Leib, zweimal so lang wie der eines gewöhnlichen Wolfs und viel höher. An den starken Vorderbeinen ist der Rumpf niedriger. Die Pfoten sind überaus groß und mit fürchterlichen Krallen bewaffnet. In weicher Erde oder in Schnee drücken sie sich mehr als einen Finger tief ein. Der Kopf ist dick, die Stirn breit. Er verschmälert sich nach vorn in eine Schnauze. Das riesige Maul ist fast immer geöffnet, mit Zähnen, so mörderisch und schneidend, dass sie den Kopf eines Menschen abtrennen können, also so scharf wie ein Rasiermesser. Die Ohren sind sehr kurz und aufrecht, die Augen funkelnd und furchteinflößend, die Brust sehr breit, fast wie die eines Pferdes, von unterschiedlicher Farbe, die Hinterbeine sind höher als die Vorderbeine, ohne Krallen und hinterlassen kaum einen Eindruck, wie eine Art Absatz. Die Körperflanken sind rötlich, die Unterseite des Bauches weiß, der Rücken schwärzlich mit einem schwarzen, längs verlaufenden Strich. Der Schwanz ist lang, dicht behaart und wird aufgerichtet gehalten.

Das Tier ist von äußerster Beweglichkeit und Schnelligkeit, schlau und listig und macht bei seinen Überfällen einen Unterschied zwischen den Geschlechtern seiner Opfer. Es hält sich nie im Wald auf, läuft aber hindurch, wenn es verfolgt wird, verbirgt sich gewöhnlich in den Feldern und auf den Weiden unter Ginsterbüschen. Um seine Beute zu prüfen, hebt es den Kopf und springt sie dann an. Es ist aber auch so schlau, sich auf eine Erhebung zu setzen und zu überwachen, was vorübergeht. Wenn es sich seiner Beute nähern will, kriecht es über den Boden wie eine Schlange. Es hat eine sehr harte Haut und langes, glänzendes Fell. ... dieser Beschreibung entspricht kein Wolf, weder in der Gestalt noch im Verhalten ..."

Solche Schilderungen waren unglaubhaft und trugen dazu bei, dass die Bevölkerung der Gemeinden im Gévaudan eher an einen Abgesandten der Dunkelheit und des Bösen glauben mochte. Denn die sieben Toten waren nicht unglaubhaft. Deshalb musste man so tun, als wäre es ein Wolf, sonst hätte es gar keine Möglichkeit gegeben, ihn zu jagen und die Besorgnis zu zerstreuen.

So etwa dürfte auch M. de Montcan gedacht haben, der Militärgouverneur der Languedoc, also des ganzen südlichen Königreichs. Noch im September beauftragte er Duhamel, Capitaine der Freiwilligenbrigade von Clermont, der schon lange darauf gewartet hatte, mit der Verfolgung, Vertreibung oder Erlegung des Wolfes und sich mit 40 Fuß- und 17 berittenen Dragonern nach Langogne zu begeben, und bat die regionalen und lokalen Behörden um Unterstützung von Duhamels Aktion. Beseelt von dem Gedanken, das Land von einer unberechenbaren Plage zu erlösen, zog Duhamel mit seiner Brigade nach Langogne, dem Ort, in dessen Umgebung der Wolf bisher sein Unwesen getrieben hatte. Welchen Sturm der Begeisterung würden sie in der Bevölkerung auslösen! Duhamel war Offizier, kein Freiwilliger, und sorgte erst einmal für Ordnung und Disziplin in den Reihen der Jäger und anderen Bewaffneten. Er erließ genaue Vorschriften für die Verfolgung und Erlegung des Untiers. Dann suchten sie die Orte auf, in denen es gewütet hatte oder gesichtet wurde. Aber wann immer sie eintrafen, schien es dort gerade nicht mehr zu sein. Trotzdem kamen sie einmal bis auf zehn Schritt heran, vier Gewehrläufe richteten sich hastig auf den Gesuchten und schossen. Aber, sei es aus Angst, sei es aus Furcht, einen Dämon vor sich zu haben, sei es aus Übereilfertigkeit, sei es aus Unfähigkeit – keines der Geschosse traf den Wolf, der sicher schon vor dem ersten Schuss unbehelligt davon geeilt war, nicht überhastet, sondern geschickt.

Am 21. September erlegte Duhamels Freiwilligenbrigade dann endlich einen Wolf – aber war es der richtige? Er entsprach weder ihren Erwartungen noch den Beschreibungen, die sie gehört und sich nach den flüchtigen Eindrücken in den Lücken des Buschwerks selbst zurechtgemacht hatten. Der Wolf, den sie getroffen hatten, erschien ihnen geradezu bieder, brav, harmlos, und der andere, der, den sie nicht angetroffen hatten, wurde in den Tagen danach noch hier und da gesehen und dann nicht mehr.

Am 7. Oktober war es dann gewiss, dass sie ihn zwar nicht getötet, aber immerhin durch ihre täglichen Hetzjagden aus der

Umgebung von Langogne vertrieben hatten. Die Gemeinden, deren Bevölkerung unter dem Untier hatte leiden müssen, konnten beruhigt sein. Der Wolf war angeblich bis nahe an die Auvergne gewandert. Bei Saint-Chély-d'Apcher, 50 oder 60 Kilometer westlich von Langogne, hatten sich andere Verfolger auf die Jagd gemacht, ihn aufgespürt, gesehen, auf ihn geschossen, er fiel sogar tot um, und am nächsten Tag, eben dem 7. Oktober, musste man vernehmen, dass er in Pouget, Gemeinde Farge, nicht weit entfernt, nur durch einen Wald getrennt, einen fünfzehnjährigen Jungen getötet hatte. War er denn so gefräßig, dass er es gleich danach noch nötig hatte, in der Gemeinde Sainte-Colombe ein zwölfjähriges Mädchen und in Greizes, Gemeinde Saint-Alban, noch eine zwanzigjährige Frau zu verschlingen? Oder war er einfach so bösartig?
Schreck und Entsetzen breiteten sich nunmehr auch in diesem Teil des Gévaudan und in der Auvergne aus. Das Untier – oder waren es zwei? Oder noch mehr? – konnte ja überall plötzlich erscheinen und sich allen Nachstellungen entziehen.
Nicht nur im Gévaudan und in der Auvergne, im ganzen Königreich sprachen die Menschen nur noch von diesen

Überfällen und dem immer geheimnisvolleren Monster. Denn zu einem Monster wuchs er auf dem Wege von Langogne nach Paris und von der Dorfneuigkeit zur Zeitungsmeldung an.

LA BÊTE DU GÉVAUDAN.

In der Umgebung von Mende, dem Hauptort des Gévaudan, wurde es Frauen und Kindern verboten, allein auf die Felder und Weiden zu gehen, und auch die Männer wagten sich nur noch mit Heugabel und Hacke bewaffnet vor die Tür. Bürgermeister im Gévaudan und im benachbarten Vivarais setzten für erfolgreiche Schützen Belohnungen aus, ebenso die Vereinigten Stände des Languedoc. Diese Gelder mussten leider nicht ausgezahlt werden.

Capitaine Duhamel zog mit seinen Leuten von Langogne fort und ließ sich in

Saint-Chély-d'Apcher nieder. Hatte man den Wolf aus Langogne vertrieben, so sollte es hier auch gelingen. Besser wäre es natürlich, ihn zur Strecke zu bringen. Schließlich kannte man seinen Gegner mittlerweile etwas besser.

Der Sold für Duhamels Leute wurde erhöht und ein neuer Plan erstellt. Der Capitaine schonte Männer und Pferde nicht. An jedem zweiten Tag im Oktober, November und Dezember stürmte die Brigade nun die Wälder um Saint-Chely, Saint-Alban und Le Malzieu.
Er war so zuversichtlich, den Wolf wenigstens vertreiben zu können, dass er schon an die Gemeinden in der westlich benachbarten Auvergne die Bitte richtete, sie mögen ihm berichten, wenn das Untier in ihrer Gemeinde auftauche. Dann würde er mit seinen Leuten dorthin

kommen und es verfolgen. Zwar verwahrten sich einige Gemeinden gegen die Erwartung, der Brigade Duhamel Unterkünfte für Männer und Pferde zur Verfügung stellen zu können; das möglicherweise in die Auvergne überwechselnde Wolfsungeheuer wollten auch sie aber gar nicht erst bei sich haben. In der Tat erhielt Duhamel denn auch die Mitteilung aus der Auvergne, am 15. Dezember sei bei Sistrières, 43 Kilometer nördlich von Saint-Chély, Catherine Chastang, eine Frau von 45 Jahren aus Védrines-Saint-Loup, einem Ort also, der schon im Namen an den Wolf gemahnt, welche gerade ihre Tiere hütete, von dem Untier angefallen worden. Man hatte ihren Kopf und den zerrissenen Leib gefunden. „Hätte der Wolf nicht besser ein Schaf reißen sollen?", hieß es in der Mitteilung. Eine Notiz über die Beisetzung des Leichnams ist in den Archiven bewahrt.

Wohl am gleichen Tag noch griff das Untier einen jungen Mann an, dem es einen Teil der Kopfhaut wegriss. Es konnte bis Chanteloube verfolgt werden, wurde dann aber nicht mehr gesehen.

Von einem weiteren Unglück erfuhr Capitaine Duhamel aber durch den Pfarrer einer nur wenige Kilometer von Saint-Chély entfernt liegenden Gemeinde. Der Wolf hatte am 20. Dezember eine ungenannte Frau angefallen, die wegen eines dringenden Bedürfnisses in den Garten gegangen war, wo der Wolf wohl schon gelauert hatte. Er sprang ihr an den Hals und riss ihr den Kopf ab. Der Wolf war demnach also nach fünf Tagen aus der Auvergne zurückgekehrt. Duhamel schickte gleich am 21. Dezember einen Trupp Dragoner los, um den Leichnam zu bewachen, und ließ aus den umliegenden Gemeinden Wachen in die Wälder abordnen, wo der Wolf nun zu vermuten war. Er verabredete sich mit ihnen an einem Treffpunkt. Mit dem Rest seiner Leute machte auch er sich dann auf die Suche und tatsächlich geriet er selbst dem Wolf unmittelbar in den Weg. Seine Dragoner wussten aber nicht, dass er schon angekommen war, und scheuchten den Wolf weiter vor sich her, der nun in die falsche Richtung abbog und so der Richtung von Duhamels Gewehr entging. So dicht dran! Einige seiner Leute kamen ebenfalls so nah an den Wolf heran, dass sie es für besser hielten, Säbel zu ergreifen statt Feuerwaffen. Sie folgten dem Wolf durch das Unterholz, bis sie vor einem Sumpf standen, der ihrem Weg ein Ende setzte. Nicht aber dem Wolf, und der verschwand im Wald. Duhamel ließ drei Gemeinden in der Umgebung benachrichtigen und verbrachte die Nacht in einem Schober, um sofort zur Stelle zu sein, wenn der Wolf sich rührte. Am nächsten Tag aber fielen ununterbrochen gewaltige Regengüsse und machten alle Verfolgung und Hoffnung zunichte. So dicht dran!

Nach Weihnachten und zum Jahresbeginn 1765 konnte Duhamel immerhin glauben, er habe zusammen mit seinen Leuten das Untier nun auch aus der Umgebung von Saint-Chély vertrieben. Dass es nur verjagt und nicht besiegt war, musste er sich allerdings auch eingestehen und fragte sich mit Bangen, woher die nächste Unheilsmeldung kommen würde. Er brauchte nur wenige Tage zu warten und die Nachricht war so grausig wie die anderen zuvor. Sie kann noch heute im Pfarrregister von Mazel-de-Grèzes nachgelesen werden:

„Im Jahre Tausendsiebenhundertfünfundsechzig und am zweiten Januar ist Jean Châteauneuf aus Mazel in unserer Pfarrgemeinde, vierzehn Jahre alt, von dem wilden Tier verschlungen worden. Die sterblichen Überreste wurden am folgenden Tage auf dem Friedhof dieser Pfarrei im Grabe seiner Vorfahren beigesetzt, in Anwesenheit von Jean Maurin und Jean Bret, welche erklärt haben, dies nicht unterzeichnen zu können.

Unterz.: de Rochemure“.

Mazel-de-Grèzes liegt aber bei Saugues. Wie hätte man wissen können, dass der Wolf sich nach dem 21. Dezember Richtung Nordosten aufgemacht hat und 30 Kilometer von Saint-Chély weggewandert war! In eine Gegend, in der er sich bislang nicht bemerkbar gemacht hatte, und nachdem er kurz zuvor erst von Sistrières zurückgekommen war. Um sich rechtzeitig auf seine Fährte zu setzen und diese neueste und weitere Untaten zu verhindern, hätte Duhamel oder irgendein anderer Verfolger es aber wissen müssen. Dass ein Wolfsrudel oder ein einzelner Wolf ein Streifgebiet von dreißig Kilometern Durchmesser nutzt, kommt vor, ist aber eher ungewöhnlich. Gab es überhaupt eine Möglichkeit, ihm jemals beizukommen? Und wenn man sich jetzt schleunigst auf den Weg nach Saugues macht – wohin würde der Wolf dann entschwunden sein?

Der Wolf ließ es ihn wissen. Anscheinend hatte er sich wieder auf den Rückweg nach Saint-Chély gemacht. (Etwa in der schlauen Überlegung, dass man ihn in Saugues suche?) In Saint-Juéry, wieder 18 Kilometer näher an Saint-Chély heran, fiel er am 6. Januar 1765 um 10 Uhr Delphine Courtiol in ihrem Garten an, biss ihr ins Gesicht und riss ihr Hals und Brust auf. Der Bericht über die traurige Beisetzung dieser jungen Frau zeugt noch heute von dem „Schrecken, den dieser Vorfall im ganzen Land verbreitet hat", wie damals notiert wurde.

Der Wolf aber war anschließend weiter nach Westen wieder in die Auvergne hinein gestrebt und tötete auf die gleiche Weise um 11 Uhr des gleichen Tages in Maurines nahe Chaudesaigues ein Mädchen.

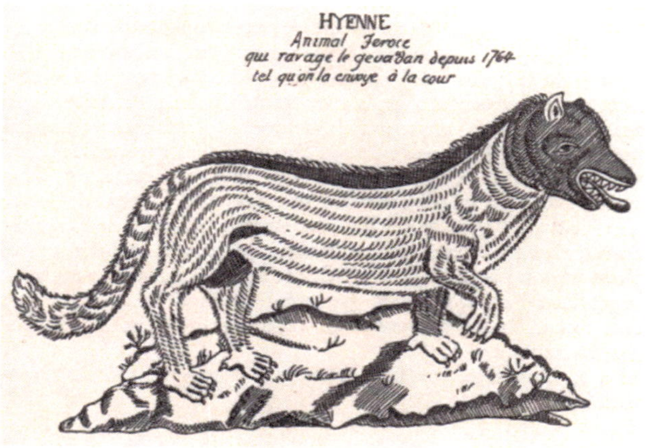

Das Untier – es war auch von einer Hyäne die Rede – irrte dann wieder 40 km zurück und sollte sechs Tage später, also am 12. Januar, zum ersten Mal so etwas wie Widerstand erleben. In Villeret d'Apchier bei Chanaleilles hüteten fünf Jungen und zwei Mädchen gemeinsam ihre Herden. Zu mehreren, so glaubten sie, seien sie vor einem Angriff des geheimnisvollen Untiers, von dem alle Welt sprach, geschützt. Alle hatten sich mit einer Pike bewaffnet oder einer Messerklinge, die sie an der Spitze eines Stocks befestigt hatten. Doch dann war das Untier nicht länger geheimnisvoll, sondern stand greifbar nahe vor ihnen. Was dann geschah, beschreibt ein überlieferter Bericht:

Portefaix, Pic und Couston, mit ihren kaum zwölf Jahren die älteren Jungen, stellten sich ihm entgegen und verbargen die Mädchen Madeleine Chausse und Jeanne Gueyfier sowie die beiden anderen Jungen hinter sich. Jacques Portefaix führt die Verteidigung an. Das Untier läuft um sie herum, die Kinder drehen sich mit und halten die Piken vor. Aber das Tier ist flinker und springt Panafieu, einem der kleineren Jungen, welche sich hinten halten, an den Hals. Die drei großen stürzen sich auf den Wolf und erreichen mit der Pike, dass er seine Beute loslässt. Er zieht sich zwei Schritt zurück, nimmt jedoch ein Stück aus der Wange des Kindes mit, dreht sich weiter, läuft dann aber wieder mit Gewalt vor und wirft sich auf den kleinen Veyrier, der umgeworfen wird. Erneut zurückgestoßen, springt er wieder wütend vor, ergreift abermals Veyrier am Arm und trägt ihn weg. Die Jungen werfen sich mit den Piken auf das Tier, es lässt seine Beute aber nicht los. Das arme Kind wird umkommen. Da gehen Portefaix und Couston von verschiedenen Seiten gegen den Wolf vor und zwingen ihn, ein wenige Schritt weiter liegendes Schlammloch zu überqueren. Das Loch verlangsamt den Lauf des Wolfs und die Kinder können ihn einholen. Schläge von hinten bleiben ohne Wirkung, deshalb ruft Portefaix seinen Kameraden zu, auf den Kopf, zwischen die Augen und auf die Schnauze zu schlagen. Diese unaufhörlich auf das Tier einprasselnden Schläge zwingen es zur Abwehr und verhindern, dass es stärker zubeißt. In seiner Wut zielt es stattdessen mit den Zähnen auf Portefaix' Pike. Nach einem letzten Schlag, der es am Kopf verletzt, macht das Tier schließlich einen Sprung rückwärts und lässt Veyrier frei. Sofort stellt Portefaix sich vor den Jungen und schirmt ihn mit seinem Körper und seiner Waffe ab. Von den anderen verfolgt, gibt der Wolf schließlich auf und flieht.

Die Kinder wurden belobigt und mehrfach für ihre tapfere Gegenwehr und die Rettung der beiden Mädchen sowie der schwächeren Panafieu und Veyrier belohnt. Jacques Portefaix, der als ihr Anführer aufgetreten war, verdankte seiner Tapferkeit und seinem taktischen Vorgehen gegen den Wolf einen für einen Bauernsohn seiner Zeit ungewöhnlichen sozialen Aufstieg. Er erhielt eine von den Königlichen Finanzen mit einer jährlichen

Pension von 300 Livres bezahlte Ausbildung. Anschließend trat er in den technischen Militärdienst (génie militaire) ein. Seine Eltern, Pierre Portefaix und Madeleine Messonier, hatten vier Kinder; sechs weitere waren im Kindesalter gestorben. Während seine Kameraden wie ihre Eltern als Bauern oder Handwerker in der Margeride blieben, kam Jacques in den Genuss einer guten Ausbildung, eines Berufs, den er schätzte, und der Begegnung mit einer Welt jenseits des Gévaudan. Auch dem König Louis XV wurde er vorgestellt. Am 14. August 1785 starb er im Alter von 32 Jahren. Sein Andenken hat sich in Lozères bis heute erhalten.

Und der Wolf? Der dämonische Unhold? Musste man nicht seine Zweifel haben, ob wirklich ein Wolf die vielen Meilen zwischen Gévaudan und Auvergne hin und her eilt, um immer wieder Menschen anzufallen, statt sich mit den zahlreichen Schafen zu begnügen? Zweifel, ob es sich wirklich nur um ein einziges Tier handelte oder überhaupt um ein Tier? Doch hätte ein dämonischer Unhold aufgegeben und wäre vor Kindern geflohen? Von Duhamels Misserfolgen enttäuscht, machten sich wieder vermehrt private, zufällige Jagdgruppen daran, das Untier zu jagen. Sie folgen Gerüchten, setzen selbst neue in die Welt, erlegen aber nicht den Wolf. Am 14. Januar, nur zwei Tage also nach dem Treffen mit den sieben Kindern von Villeret, soll er bei Sourniac, also im westlichen Cantal, 150 km von Villeret entfernt, gesehen worden sein, einen Hütejungen zerrissen und dessen Vater das Gesicht zerbissen haben. War er es wirklich, so weit weg? Die Betroffenen und ihre Nachbarn sprachen ganz sachlich nicht von einem Ungeheuer, sondern von einem tollwütigen Wolf.

Man benötigte aber keine Gerüchte – der große Wolf machte in immer kürzeren Abständen von sich reden.

Am 15. Januar tötete wirklich wieder das Untier die zwanzigjährige Catherine Boyer in La Bastide, Gemeinde Lastic. Mit den Krallen riss er ihr Haut und Haare vom Kopf und brach ihren Schädel auf. Sie wurde ins Krankenhaus gebracht. Dort lag sie neben einem vierzehnjährigen Mädchen aus Saint-Just, das zwar nicht lebensgefährlich verletzt war, dem der gleiche Wolf aber einen Arm abgerissen hatte. Aber die Truppe, obwohl sie nun täglich die Wälder durchstreifte, traf nie auf ihn.

Um den 18. Januar herum starb ein dreizehn Jahre alter Junge aus Lescure in

Chapelle-Laurent an den Folgen eines Wolfsangriffs. Auch hier erbrachte die Suche kein Ergebnis.
In der darauffolgenden Woche, am 21. Januar 1765, wurde die 25 Jahre alte Jeanne Tanavelle aus Chabanolles, Gemeinde Lorcières, angefallen und getötet, nachdem sie sich mehr als eine Stunde lang mit einem Messer verteidigt hatte. Das Untier riss ihr jedoch den Kopf ab und den Leib in Stücke. Am Abend kam es zurück und brüllte und heulte die ganze Nacht hindurch, sodass alle Einwohner von Chabanolles die Nacht mit Furcht und Zittern schlaflos verbrachten und nur schwer bewaffnet und zu mehreren vor die Tür gingen. Vermutlich suchte es nach den Leichenresten, fand sie aber nicht mehr, weil man sie unter Schmerz und Entsetzen weggeholt hatte. Mehrmals in den folgenden Tagen erschreckte der Wolf Frauen und Hirten.
Aus nächster Nähe sah man das Untier wieder am 27. Januar, als es das Dorf Saint-Poncy durchquerte. Niemand hinderte es daran. Sodass es drei Tage später eine Frau verschlang, welche gerade dabei war, im Bach Wäsche zu waschen. Nun hatte man es in Verdacht, auch ein Mädchen umgebracht zu haben, das in der Gemeinde Lorcières vermisst wurde. Hatte das Untier vielleicht den Rest des

Leichnams verscharrt? Wie es das vielleicht eine Woche zuvor mit einer Frau in Chabannès getan hatte?
In diesen Tagen versuchten nicht wenige Menschen, sich mittels Lügen und Aufschneidereien als Opfer des Monsterwolfs auszugeben und dafür eine Entschädigung zu erhalten. Oft genug bekamen sie sie auch; oft aber wurden die Klagenden der Fälschung überführt und für einige Tage ins Gefängnis geschickt.
Du Verny de la Védrines, Landedelmann und Besitzer einer Glasfabrik in Nozeyrolles d'Auvers, hörte am 12. Februar angstvolle Schreie seines Knechts. Er stürzte aus dem Haus hinaus und als er sah, dass der Knecht von einem Wolf bedroht wurde, ließ er sich schnell ein Gewehr reichen und schoss. Er traf den Wolf ins Hinterbein und dieser floh davon. Im Schnee fand man Fährte und Blut, das Tier aber nicht mehr. Am darauffolgenden Tag konnten Jäger aus der benachbart wohnenden Familie Chastel berichten, sie hätten einen dreibeinigen Wolf gesehen. Von einem dreibeinigen Wolf ist jedoch bei späteren Begegnungen mit dem großen Wolf nicht wieder die Rede und jedenfalls war er nicht das gesuchte Menschen fressende Ungeheuer.

Louis XV, der König, ließ in der Auvergne und in der ganzen Languedoc einen Aushang verbreiten des Inhalts, dass er für den Fang des Wolfes vom Gévaudan eine Summe von 6000 Livres aussetze. Weitere Summen waren zuvor schon im Gévaudan ausgesetzt worden.
Sollte Capitaine Duhamel diese Summe erlangen? Einer seiner Leute? Duhamel, der zu dieser Zeit mit seiner Truppe noch in Saint-Alban residierte, traf nirgendwo auf den Wolf. Er konnte aber am 9. Februar in Javols ein Kind besuchen, das von dem Wolf, den er nicht fand, vor dessen Haus gepackt und verschleppt worden war. Glücklicherweise nicht weiter als 200 m; denn ein Mann und sein Hund (ein Mann und sein Hund – ein Gespann, wie es in dieser Gegend schon für die Zeit vor 26000 Jahren erwiesen ist) setzten dem Wolf nach und er ließ seine Beute los. Während Duhamel sich noch bei dem Jungen aufhielt, riss der Wolf in Mialanette bei Malzieu, 20 km entfernt, der vierzehnjährigen Marie-Jeanne Rousset Kopf und Hals weg.
Duhamel war keineswegs untätig, war aber erfolglos und beklagte sich darüber, dass man ihn nicht mehr zuverlässig informierte. Freilich häuften sich auch die Beschwerden der Bauern und anderen

Landbewohner über seine Truppe. Man klagte über Schäden, die sie während der Ernte angerichtet hätten, und über ihre maßlosen Forderungen. Ein erwartungsvoller Blick des Königshofs richtete sich nunmehr auf Jean Charles Marc Antoine Vaumesle d'Enneval. D'Ennevals Erfolge bei Wolfsjagden, tausendzweihundert soll er erlegt haben, hatten ihn zum berühmtesten Wolfsjäger Frankreichs gemacht und ihm den Titel Grand Louvetier de Normandie eingetragen. (Diese Wolfjäger, die Louvetiers, waren schon seit den Jahren Karls des Großen in Frankreich mit der Verfolgung von Wölfen beschäftigt, stellten sich aber im 19. Jahrhundert auf andere Dienste um).
Er ließ sich also mit seinen Männern im Februar 1765 in Saint-Chély nieder, nahe Saint-Alban. Aus dem Nebeneinander von Duhamel und d'Enneval wurde bald eine Rivalität, deren Verflechtungen und Verläufe hier nicht verfolgt werden sollen, weil ja auch der Wolf sich nicht darum scherte. Vielmehr am 21. Februar in Charac auf der Straße den Gastwirt Bonavel und drei Tage danach in Le Fau, Gemeinde Brion, ein siebenjähriges Mädchen anfiel, das seinen Verletzungen erlag. Zum Abschluss des Monats griff er noch zwei Frauen aus Escures, Gemeinde Fournels, an und am gleichen Tag ein

Mädchen in Grandvals, das ihm aber unverletzt abgejagt werden konnte. Alle Orte liegen westlich nahe bei Saint-Chély. D'Enneval berichtete bald schon von einer erfolglosen Jagd auf einen Wolf, der am 8. März nahe Albaret eine Frau angefallen und zerrissen hatte. Der Wolf konnte d'Ennevals Leuten in den Wald entkommen. Am 10. März teilte der Abt von Rochain, Conte de Brioude, mit, dass eine Viertelmeile vor Ligonès der Wolf einer jungen Frau aufgelauert und sie getötet habe. Es könnte sich beide Male um den gleichen Fall handeln.
Aber schon am 13. März machte der Wolf sich in Saint-Alban bemerkbar, wo er ein Kind griff und mit sich schleppte. Die Mutter, Mme Jouve, nahm jedoch den Kampf mit dem Untier auf und konnte ihm ihr Kind tatsächlich entreißen.
Ein anderes Kind musste am 20. März in Aumont sterben, ein weiteres am 29. in Javols, am 4. April starb die dreizehnjährige Annez Dauphine in Roche-Redonde in Saint-Alban. Beiden Jägertruppen, Duhamels und d'Ennevals, war es nach wie vor nicht möglich, den Wolf dort zu stellen, wo er sich gerade aufhielt. D'Enneval suchte seit Anfang April den Wolf im Wald des Conte de Morangiès, spürte auch einen Wolf auf, konnte

ihn aber leider nicht umzingeln und das Tier entkam wieder einmal. Die Jäger und die Hunde, die ihm folgten, stießen nur auf Menschenknochen und viel Blut, Reste eines unbekannten Opfers. An einem dieser Abende tötete der Wolf in der Gemeinde Saint-Denis ein Kind von zehn Jahren und griff später noch einen Mann bei Saint-Chély an. Der kräftige Mann verteidigte sich lange, wurde aber von dem Untier niedergerissen und getötet. Am 7. des Monats starb die siebzehn Jahre alte Gabrielle Pelicier in La Clause bei Saugues. Saugues ist ebenso wie der Wald von Morangiès schon etwas weiter entfernt von Saint-Chély, Saint-Denis aber ziemlich nahe dabei.

Dieser 7. April war Ostersonntag. Duhamel verließ mit den Dragonern Saint-Alban, und d'Enneval blieb mit seinen Leuten in Saint-Chély als der nun einzige offiziell eingesetzte Verfolger des Untiers. Elf Tage lang vernahm man nichts mehr von dem Wolf. War er aus der Gegend verschwunden? Hatte er gar den Kampf aufgegeben? Die niederschmetternde Antwort kam am 18. April, als bekannt wurde, dass das Monster an diesem Tag bei Pauillac, nahe Malzieu, einem Jungen ein Auge herausgerissen, die Wange weggefressen sowie die Oberschenkel

und beide Knie ausgerenkt hatte und ihn dann hatte ausbluten lassen.
Dann wieder unheilschwangere Ruhe bis zum Ende des Monats. Bei einem Überfall in Couffours, nahe Malzieu, am 28. April, der die wieder einmal hoffnungsvolle Ungewissheit beendete, verteidigten sich ein elfjähriges Mädchen und ein sechzehn Jahre alter Junge selbst, bis ein erwachsener Verwandter sie mit einer Hacke befreien konnte. Dieser Vorfall wird ähnlich auch von dem Dorf Lair, Gem. Nozeyrolles d'Auvers berichtet. In Couffours sahen sie noch, wie der Wolf sich beim Rückzug mit einem kleineren Wolf traf, welcher ihm das Maul leckte. Hatte man es also mit einem Muttertier und seinem Jungen zu tun und waren da nicht vielleicht noch weitere große Wölfe? Ein ganzes Rudel etwa?
Vermutlich muss man es tatsächlich mehreren Wölfen zuschreiben, was um den 4. Mai in Chanteloube, Gemeinde Nozeyrolles d'Auvers, geschah: Erst wurde ein vierzehnjähriges Hirtenmädchen von dem Wolf verschleppt, nachdem kurz zuvor in der gleichen Gemeinde eine Siebzehnjährige gefressen worden war. Gleich darauf, so heißt es, wurde in Besset ein anderes Hirtenmädchen von dreizehn Jahren gefressen und in der

Umgebung von einer Meile zwei oder drei weitere.
Eine Woche später fiel in der gleichen Gemeinde Nozeyrolles d'Auvers ein Wolf vier Kühe hütende Jungen zwischen zehn und vierzehn Jahren an. Sie vermochten sich aber gemeinsam erfolgreich zu verteidigen. Der älteste von ihnen hatte sich aus einem Stock und einer Klinge ein *bayonette* hergestellt. Damit griff er seinerseits kühn den Wolf an, als der den jüngsten an der Kleidung gepackt hielt und wegschleppen wollte. Drei Jungen schlugen nun mit Stöcken und dem *bayonette* dem Wolf aufs Maul, bis der vor ihren Schlägen in die Büsche floh. Von diesen Jungen ist kein Name überliefert und auch nichts von einer Belohnung.

Für d'Enneval und seine Männer reihte sich Misserfolg an Misserfolg und nicht nur bei seinen Auftraggebern und in der Öffentlichkeit machte sich Unmut breit, sondern auch bei ihm selbst. War das der berühmte Wolfsjäger mit tausend Jagden? D'Ennevals Sohn versicherte in einem Brief an den Bischof von Mende, dass die Truppe um seinen Vater neunzehn Wölfe oder Jungwölfe erlegt hätten, der gesuchte riesige Wolf aber stets entkommen konnte. Immer wieder wurden auch im folgenden Mai Wölfe gesehen, konnten aber von privaten Jägern nicht erlegt werden und waren, wenn d'Enneval eintraf, verschwunden. Doch der Wolf, der am 24. Mai in Saint-Privat-du-Fau ein Mädchen am Hals verletzte, war gewiss wieder der gesuchte menschenfressende Wolf. Man verfolgte ihn zwar sogleich und vertrieb ihn, doch das Mädchen starb. Zwei Tage später, am 26. Mai, brachte er in Le Mazet, Gemeinde Julianges, ein fünfzehnjähriges Mädchen um, sprang um zwei Uhr, also gleich anschließend, auch noch sieben Kilometer weiter und in Marcillac, Gemeinde Lorcières, der achtzehnjährigen Marguerite Bony an den Hals. In ihrer Begleitung befand sich Pierre Tanavelle. In dem sechzehnjährigen Jungen hatte sich die Erinnerung an den Tod seiner Tante Jeanne Tanavelle festgesetzt. Sie war vier Monate zuvor in Chabanolles von dem Untier umgebracht worden. Wie von Rache getrieben stieß er dem Wolf dreimal seine *hallebarde* in den Leib. Das Untier ließ daraufhin von Marguerite ab, zerfetzte nur noch ihre Haube und ihr Tuch und zog sich blutend zurück. Pierre zeigte die bluttriefende *hallebarde* seinem Vater und dann auch d'Enneval. Er wurde bewundert, erhielt aber keine Belohnung.

In den folgenden Wochen wurde der große Wolf (oder auch andere Wölfe?) mehrmals gesehen. Er richtete aber kein Unheil an und wurde auch nicht eingefangen oder gar erlegt. Nicht einmal von d'Enneval, als er am 16. Januar anlässlich einer sonntäglichen Treibjagd auf einem Weizenfeld bei Pléaux, Gemeinde Lorcières, aufgespürt werden konnte. Der Wolf erschrak aber vor der Masse an Menschen, die soeben nach dem Gottesdienst aus der Kirche strömte, rannte längs eines Wegs davon, tötete noch eine Ziege, welche er aber dann doch liegen ließ, und verschwand.
Am 1. Juni ließ sich wie zum Hohn wieder einer der „Leute-fressenden Wölfe" in Dorf Lair sehen und tötete die elfjährige Jeanne Hugon, welche ihre Tiere hütete. Am 2. Juni wurde sie auf dem Ortsfriedhof begraben.

Seine Majestät Louis XV entschloss sich Anfang Juni 1765, François Antoine de Beauterne (Antoine ist der Familienname), einen seiner *Porte arquebuses*, seiner Jagdoffiziere also, die des Königs Jagdgewehr trugen, mit sechs weiteren Schützen, vierzehn ausgesuchten königlichen Jagdhütern und vier Hunden loszuschicken. Antoine war wie d'Enneval einer der Louvetiers. Antoines Sohn,

Gardegendarm, zog ebenfalls mit. Die örtlichen Behörden wurden beauftragt, diese Jägertruppe auszustatten und zu unterstützen. Von unterwegs bestellte Antoine über hundert Knallkörper und zwanzig Lanzen nach seinem Modell, die an geeignete Landleute auszugeben waren. Am 22. Juni traf er in Le Malzieu ein, wo er sich mit M. Lafont beriet. M. Lafont, Diözesanverwalter im Bistum Mende, ist als die Hauptantriebskraft in der Kampagne gegen das Untier anzusehen. Zwischen d'Enneval und Antoine wurde vereinbart, dass sie gemeinsam vorgehen sollten.
Der Wolf, den sie suchten, hielt sich noch in der Umgebung von Lorcières auf, wo er in dem Ort Broussolles am 4. Juli gegen Mittag die 68 Jahre alte Marguerite Oustallier angriff, die ihre Tiere hütete. Sie saß gerade auf einem Mäuerchen und spann Wolle, als das Untier sie von hinten ansprang, zu Boden warf, ihr die Wange aufriss und in den Hals biss. Marguerite war nicht allein, ihr Schreien und das Schreien anderer Schäfer vertrieb den Wolf, er schleppte sie jedoch zwanzig Schritt mit sich und ließ sie dann doch tot liegen. Gegen zwei Uhr nachmittags griff er (oder wer) drei Kilometer entfernt in Julianges ein Mädchen an, dem aber nichts geschah. Am

folgenden Tag erschien er wieder in den Wäldern bei Chalelles und Pléaux, Feldarbeiter sahen ihn dann in Richtung Paulhac abziehen.

Immer wieder ließ sich in den folgenden Wochen das Untier sehen – oder war es ein anderer Wolf? –, erschreckte Menschen, wurde selber erschreckt und vertrieben – es war, als hätte er seine Tollheit eingebüßt oder wäre vorsichtiger geworden.

Nur leicht verletzt kamen der fünfzehnjährige Jean-Pierre Lourd und die zwölfjährige Marie Trincard am 21 Juni bei einer Begegnung mit dem Wolf davon.

Vielleicht verlor sich auch die Furcht bei den Menschen, weil das Untier im Juni und Juli so selten angriff. Marguerite Soulier jedenfalls näherte sich dem Wolf neugierig, als sie ihn am 24. Juli in Chabanolles von ferne erblickte. Natürlich sprang der Wolf gleich auf sie zu und nur, weil Étienne Migné in der Nähe seine Wiese mähte, konnte das sichere Unglück verhindert werden. Der Wolf zog sich zurück.

Ähnlich erging es Guillaume Lèbre, achtzehn Jahre, und Étienne Crozatier, sechzehn Jahre, die am 6. August mit *hallebardes* bewaffnet ihre Schafe hüteten und das Untier auf sich zu springen sahen. Die Jungen schraken hoch, schrien auf, die Schafe drängten sich zusammen und die Hütehunde fingen an zu bellen. Das hielt den Wolf wohl auch von den Jungen fern, immerhin aber schnupperte er an dem Hemd, das einer der Jungen abgelegt hatte – offenkundig wurde er von dem Menschengeruch angezogen, etwas was allem widerspricht, was man sonst von Wölfen hören oder lesen kann; es sei denn, sie wären unter Menschen aufgewachsen. Er begnügte sich dann damit, das Brot der Jungen zu fressen und zog wieder ab. Und abermals am 7. August, also einen Tag darauf, konnte der Wolf durch Schreie verjagt werden, dieses Mal von Pierre Cellier und seiner Frau sowie weiteren Leuten.

Nur zwei Tage später griff der Wolf in der Nähe von Besset zwei Brüder an, den siebzehnjährigen Guillaume Bergougnoux und seinen zwei Jahre jüngeren Bruder Jean-Baptiste. Der herbeieilende Wachmann Pierre Mercier konnte sie retten. Von Pierre Vidal wurde noch in derselben Stunde die elfjährige Jeanne Mercier gerettet.

Am 11. August wehrten sich die beiden Schwestern Marie-Jeanne und Thérèse Valet in Paulhac mit Piken gegen einen Angriff des Wolfs und kamen unverletzt davon.

François Antoine de Beauterne, der königliche Jagdoffizier, war den ganzen Sommer über nicht erfolgreicher gewesen als Duhamel und d'Enneval. Er vermutete, dass er es mit mehreren Wölfen zu tun hatte, und bekam sie mitunter auch zu sehen, vermochte es aber nie, sie zu erlegen. Anfang September ließ er sich in einem Ort namens Besset (vermutlich Buffat) nieder und verteilte seine Jagdhüter an den Hängen des Mont Mouchet, weil sich die Sichtungen in diesem Gebiet zu häufen schienen.)

Gegen Mitternacht des 8. September legte man Antoine eine Haube vor. Ein Schäfer hatte sie gebracht und man glaubte, sie gehöre einem Mädchen aus La Vachellerie bei Paulhac. Sie war am Abend plötzlich verschwunden. Antoine begann wenige Stunden danach mit seinen Leuten und Dorfbewohnern im Wald von Armon die Suche nach dem Mädchen. Er schreibt, sie hätten einen kleinen Stock gefunden, den das Mädchen sich geschält hatte. Außerdem habe an der Stelle noch ein Stoffrest gelegen. Daraufhin hätten alle den Wald durchsucht und neben einem zerfetzten Kleid mit Bissspuren eine Blutlache entdeckt, einige Meter weiter einen zerrissenen, mit Blut befleckten Rock und schließlich im Heidekraut den bloßen Körper des Mädchens.

Er schildert weiter die Wunden des Mädchens, die erkennen lassen, wie der Wolf mit ihr umgegangen ist. Das soll hier nicht wiedergegeben werden.
Auch nicht die Einzelheiten des ganz ähnlich verlaufenen Unglücks, dem am 13. September ein zwölfjähriges Mädchen aus der Bauernschaft Pépinet, Gemeinde Venteuges, zum Opfer fiel. Auch sie hatte in den Wäldern ihre Tiere gehütet.
Am 11. September stieß der Maultiertreiber Gouny, der mit einigen Begleitern und mehreren Maultieren auf dem Weg von Paulhac nach Saint-Flour war, im Heidekraut auf einen dort liegenden Wolf. Gouny griff nach seinem Gewehr und schoss, was aber den Wolf nur zu der ungewöhnlichen Reaktion brachte, wütend aufzuspringen und auf ihn zuzulaufen. Gouny wurde umgeworfen und kämpfte mit dem Wolf, bis seine Begleiter herankamen und den Wolf vertreiben konnten.
In Bessat/Buffat bei Pinols, wo Antoine residierte, erblickte am 21. September der sechzehnjährige Jean Teissèdre ein Tier, das im Abenddunkel aussah wie ein „Hund von der Größe eines Wolfs" und auf ihn zukam. Gleichzeitig wurde Jean von hinten am Hals gepackt und zu Boden geworfen. Das Tier hinter ihm ließ ihn aber los und wandte sich einem an-

deren Jungen zu, den es ebenfalls an den Hals und in die Wange biss. Dieser Junge wurde fünfzig Schritt weit mitgeschleppt, dann aber von Jean Teissèdre mit Hilfe eines *baionette* befreit. Antoine ließ Jean Teissèdre eine Belohnung von 96 livres und dem anderen verletzten Jungen 48 livres auszahlen.

Im Laufe des Monats erfuhr Antoine, dass in den Wäldern der Abtei Chazes, heute Saint-Julien-de-Chazes nahe den Gorges de l'Allier in Haute Loire, der oder die Wölfe auffällig geworden seien. Als er sich mit seiner Begleitung dorthin begeben hatte, hörte er des Näheren, dass man den gesuchten großen Wolf sowie eine Wölfin und zwei recht große Junge bereits in den Bois de Pommes getrieben hatte. Zusammen mit neun Jägern seiner Mannschaft und vierzig Schützen aus der näheren und weiteren Umgebung umstellte Antoine am 21. September diesen Wald und schickte Hunde und Hundeführer hinein. Auf dem Waldweg, auf dem Antoine Stellung bezogen hatte, entdeckte er plötzlich fünfzig Schritt entfernt den großen, leutefressenden Wolf. Das Tier kehrte ihm die rechte Flanke zu, wandte aber gerade den Kopf in seine Richtung. Antoine schoss sofort. Aus seiner langläufigen, mit viel Pulver geladenen *canardière* flogen eine Kugel und 35 kleinere Wolfsgeschosse und Antoine musste den Rückstoß mit zwei Schritten abfangen. Der Wolf fiel sofort zu Boden, die Kugel war in ein Auge eingedrungen, die Geschosse nahe der Schulter in den Leib. „Halali!" rief Antoine. Das aber alarmierte den Wolf, der sich wieder aufrichtete und auf Antoine zulief, ohne ihm Zeit zum Nachladen zu lassen. Antoine rief den rechts von ihm aufgestellten Rinchard, Jagdoffizier des Herzogs von Orléans, zu Hilfe. Dieser kam, als der Wolf schon zehn Schritt vor Antoine war, und traf ihn ins Hinterteil. Der Wolf floh noch 25 Schritt in die Weite und brach dann zusammen.

Der große Wolf vom Gévaudan war tot!

Es war ein Wolf, kein Bär und kein Phantom. Aber sehr groß, außergewöhnlich groß, wie es hieß. Antoine maß ihn und kam auf eine Körperhöhe von 32 pouces, das entspricht ca 80 cm, eine Länge von 5 *pieds* 7 *pouces*, das dürften 180 cm sein, das Gewicht wurde mit 130 *livres*, also etwas über 50 kg angegeben. Auch die Größe der Füße und die der Reiß- und der Mahlzähne sei ungewöhnlich, hieß es. Ein großer Wolf, gewiss, aber mit diesen Maßen noch im Bereich heutiger europäischer Wölfe und nicht monströs; Wölfe im Süden Europas sind kleiner als die im Norden und vielleicht war man im damaligen Frankreich andere Wölfe gewöhnt, vielleicht ist auch die Umrechnung der Maßangaben aus der Zeit vor der Französischen Revolution nicht korrekt. Jedenfalls erklärten alle Anwesenden, Jagdoffiziere wie Schützen, noch nie einen Wolf gesehen zu haben, der diesem Tier gleichgekommen wäre. Dieses Tier, so urteilten sie, könne sehr gut das wilde Untier, der menschenfressende Wolf sein, der so lange Zeit mit seinen Raubzügen im Gévaudan und in der Auvergne Angst und Schrecken verbreitet hatte.

Um ganz sicher zu sein, präsentierte Antoine den erlegten Wolf den Menschen, die zuletzt von ihm angegriffen worden waren: dem fünfzehnjährigen Jean-Pierre Lourd, der zwölfjährigen Marie Trincard (es muss für das kleine Landmädchen ein besonderer Moment gewesen sein, als sie von dem Königlichen Offizier, womöglich noch zu Pferd, um ihre Einschätzung gebeten wurde), die Schwestern Marie-Jeanne und Thérèse Valet, die Brüder Guillaume und Jean-Baptiste Bergougnoux, Pierre Mercier, Jeanne Mercier und Pierre Vidal. Sie alle erklärten, dieses Tier wiederzuerkennen („totalement", sagte Pierre Mercier) als dasjenige, von dem sie attackiert worden seien. Marie-Jeanne Valet erkannte auch die Wunde

wieder, die sie dem Tier mit der Pike versetzt hatte, hatte jedoch nicht gewusst, an welcher Stelle sie es verletzt hatte.
Der endlich doch besiegte, tote Wolf wurde dann von Antoines Sohn nach St.-Flour gebracht, wo man ihn dem Intendanten der Auvergne präsentierte. Das war aber nur die erste Zwischenstation auf dem Weg nach Paris. Die zweite Station, die man nach weiteren anderthalb Tagen erreichte, war Clermont. Hier wurde der Kadaver, der schon in Verwesung überzugehen drohte, fachmännisch präpariert. Jaladon, der zuständige Anatom, vermaß das Tier erneut und kalkulierte das Ausmaß der Schrumpfung mit ein. Damit kam er auf eine Länge des Tieres von 5 *pieds* und 9 *pouces*, also 178 cm von der Nasenspitze bis zum Schwanzende; bis zum Schwanzansatz waren es 138 cm.
Am 2. Oktober traf Antoines Sohn in Versailles ein. Er übergab den Leichnam dem Comte de Saint-Florentin, der ihn gleich der Königin Marie Leszczynska und dem Hofe und dann auch dem König vorstellte. Louis XV beglückwünschte den jungen Herrn Antoine und in ganz Frankreich verbreitete sich Erleichterung und Freude. Nirgendwo aber so sehr wie bei der Bevölkerung des Gévaudan und der Auvergne.

Antoines Sohn präsentiert der Königlichen Familie in Versailles den Leute-fressenden Wolf

Der ausgestopfte Wolf zog in das Königliche Kabinett ein. Anfang des 20. Jahrhunderts wollte ein Paul Le Blanc auf einer Reise nach Paris wissen, was von dem Ungeheuer vom Gévaudan übriggeblieben war. Er suchte das Museum auf, das die Nachfolge des Königlichen Kabinetts angetreten hatte. Der Direktor zeigte ihm das Eingangsbuch, wo tatsächlich verzeichnete war, dass der Wolf von François Antoine de Beauterne, bekannt unter dem Namen ‚Untier vom Gévaudan', vom Königlichen Kabinett in das Museum überführt worden sei. Nur, so musste der Direktor Herrn Le Blanc enttäuschen, hatte die Haut sämtliche Behaarung verloren und der Kadaver war kurz vor Herrn Le Blancs Besuch gemäß den Vorschriften für die Staatlichen

Sammlungsstücke dem Abfall übergeben und verbrannt worden, zusammen mit allem, was er noch an Werg enthielt.
So endete der Wolf vom Gévaudan.

Aber war da nicht noch die Wölfin und die beiden großen Jungwölfe? Und vielleicht noch ein anderer Wolf?
Eben deshalb hatte ja Antoine seinen Sohn mit dem Kadaver zum König geschickt und war selbst zurückgeblieben, um auch diese noch zu besiegen. In der ersten Oktoberwoche war er ihnen auf der Spur, musste sich aber wiederholt über die Ungeschicklichkeit der Schützen beklagen, zwangsweise abgeordnete Bauern, welche die Wölfe neben sich nicht bemerkten oder schlecht schossen. Es gelang zwar einmal, der Wölfin erhebliche Blutverluste zuzufügen, aber sie konnte in undurchdringliches Gelände entfliehen. Aber dann war es doch nicht die Wölfin, sondern ein anderer großer, von ihrem Heulen angelockter Wolf. Es dürfte eines der beiden Jungtiere gewesen sein. In Buffat fraßen die Wölfin und ihre Jungen sechs Schafe. Wieder begab sich die Jägertruppe um Antoine zur Abtei Chazes und am 15. Oktober schließlich wurde in den schwer zugänglichen Schluchten des Allier die große Wölfin von dem Jagdoffizier Reignault

und zwei Bauernschützen, Jean und Pierre Brun aus Langeac, tödlich getroffen – zwanzig Schritt von der Stelle entfernt, an der Antoine und Rinchard den menschenfressenden Wolf erlegt hatten. Sie war 53 cm hoch, also auch nicht außergewöhnlich, und hatte, wie man an den Placentalnarben sah, mehrmals Junge zur Welt gebracht. Einer von ihnen wurde zwei Tage später, am 17. Oktober, getötet. Dieser Jungwolf von fünf oder sechs Wochen war bereits größer als seine Mutter.

Damit hatte Antoine, „von übergroßer Müdigkeit wie auch die Hunde“, seinen Auftrag erledigt. Seit dem 21. September war kein Mensch mehr getötet oder auch nur angefallen worden. Das Mädchen aus Paulhac war das letzte Opfer der Mordserie gewesen.

Antoine wurde triumphal in Paris empfangen, am Hofe feierte man seinen Erfolg, er erhielt das Kreuz des heiligen Ludwig, eine Pension und das Recht, den Wolf vom Gévaudan in sein Wappen aufzunehmen. Die vierzig Bauernschützen wurden auch entlohnt und Jean und Pierre Brun erhielten je 24 Livres extra.

Alle Untiere waren also wirklich tot. Im Gévaudan, in der Auvergne, in Paris und in ganz Frankreich, aus aller Munde und in allen Zeitungen hörte und las man

nichts anderes als den Tod des Ungeheuers.
Manche in den betroffenen Regionen blieben anfangs noch skeptisch, aber weil lange Zeit keine Nachrichten mehr über Angriffe des Wolfs zu hören waren, beruhigten auch sie sich schließlich.

Doch dann kamen sie wieder, die Nachrichten: Zuerst das Gerücht, man habe das Untier gesehen, dann die Gewissheit: Am 2. Dezember wurden zwei Kinder, der siebenjährige Vidal Tourneix aus Hontes-haut und der dreizehnjährige J. Couret aus Hontes-bas, Gemeinde Besseyre-Saint-Mary, unweit Paulhac, während sie Schafe hüteten, angegriffen. Ein Wolf lief aus dem Wald auf die Schafe zu, wandte sich dann aber den Jungen zu, packte den jüngeren an der Hüfte und trug ihn einige Schritt weg, zerriss seine Kleidung, verletzte ihn leicht, aber der ältere griff seinerseits den Wolf mit seiner Pike an und vertrieb ihn so. Die Jungen sammelten ihre Tiere zusammen und brachten sie eiligst in die Ställe zurück.
War das Untier vom Gévaudan doch nicht tot? Oder war es die Wölfin? Antoine hatte nie ihren Kadaver gezeigt! Oder war es nichts anderes als die üblichen Wolfsangriffe, wie man sie

schon vor zwanzig Jahren, und im Grunde seit 30000 Jahren kannte?
Die Jungen schilderten zu Hause und ihrem Pfarrer zwar einen Wolf, berichteten aber weiter, dass er sich nur in Sprüngen fortbewegte und dabei die Erde erzittern ließ, auch viel größer sei als ein Wolf, mit rot und schwarz geflecktem Fell, stumpfer Schnauze, flachem Kopf und einem schwarzen Strich auf dem Rücken von den Schultern bis zur Schwanzspitze. Diese Schilderung nährte den Verdacht, dass Antoine zwar irgendwelche Wölfe erschossen hatte, nicht aber das Untier! Ging alles wieder von vorn los?
Es schien so; denn eine Woche darauf wurden bei Lachamp zwei Frauen angefallen und am 21. Dezember wird aus Lorcières wieder der Tod eines Menschen gemeldet. Zwischen 11 und 12 Uhr mittags kämpfte die zwölfjährige Agnès Mourgues gegen den Wolf, unterlag aber und das Untier riss ihr den Kopf ab und fraß sie zu großen Teilen auf. Was von ihr gefunden wurde, das wurde am 22. Dezember unter großer Anteilnahme der Bevölkerung beigesetzt.
Zum Jahreswechsel 1765/1766 breitete sich überall wieder Unsicherheit aus.
Die Befürchtungen schienen manchen berechtigt, denn das neue Jahr brachte

nur kurz Erleichterung: Am 14. Februar 1766 wird Jeanne Delmas von der Mühle Badouille bei Lorcières angegriffen. Am 4. März tötet ein Untier in Servières bei Saugues ein Kind. An diesem Tag stirbt ein neunjähriges Kind namens Jean Bergougnoux in Montchauvet bei einem Wolfsangriff. Vielleicht ist er der Jean-Baptiste Bergougnoux, der im August zuvor noch hatte gerettet werden können. Am 14. März tötet der Wolf ein Mädchen in Liconès. Am 17. April wird die sechsjährige Marguerite Lèbre aus Clavières in der Auvergne verschleppt.

Gegen Mittag des 31. Mai tötete ein Wolf den zehnjährigen Sohn von Jean Teissèdre in Bessat bei Pinols. Man fand von dem Jungen nur noch zerfetzte Kleidung, am Hemdkragen waren Spuren von Wolfszähnen. Die Familie Teissèdre in Bessat war bereits im September des Vorjahres nur durch die Kaltblütigkeit des sechzehnjährigen Jean einem Todesfall entgangen.

Wenige Tage später, am 3. Juni war es wieder einmal ein zehnjähriges Mädchen, dieses Mal aus Lescossouze, Gemeinde Desges. Der Wolf schleppte sie auf eine Wiese, zerriss ihre Kleidung und hatte sie schon schwer am Hinterkopf und am Hals verletzt, als ein Hund aus dem Dorf hinzu kam und den Wolf verscheuchte.

Das Mädchen kam in ärztliche Behandlung und hat anscheinend überlebt. Man kann sich fragen, ob der große Wolf, den Antoine vermutlich erschossen hat, sich von einem Hund hätte vertreiben lassen, statt sich auf den Angreifer zu stürzen.
Bis August vernahm man dann wohl nichts mehr von einem Wolf in der Margeride. Am 28. dieses Monats jedoch wieder ein Überfall auf ein dreizehn Jahre altes Mädchen in Auvert, am 13. September trifft es Pierre Cellier von Brousse bei Paulhac, möglicherweise der gleiche Pierre Cellier, der am 7. August 1765 durch Schreie einen Wolf vertrieben hatte, und schließlich am 1. November Jean-Pierre Ollier, zwölf Jahre alt, in Soucheyre, Gemeinde Besseyre-Saint-Mary. Näheres über diese Angriffe ist nicht überliefert. Die Abstände werden größer als im Jahre 1765 und die Angriffe weniger aggressiv und kühn.

Für das Frühjahr 1767 ist jedoch erneut von „düsteren Dramen“ die Rede, die sich abgespielt haben sollen, von insgesamt zwölf Menschen, die das Untier tötete: die elfjährige Marie Plantin bei Servières-de-Saugues und die neunjährige Marie-Anne Pascal aus La Besseyre bei Darnes im März; die fünfzehnjährige

Jeanne Paulet, ebenfalls aus La Besseyre, und im April aus der Gemeinde Nozeyrolles Louise Soulier, Roze de la Taillère, Catherine Coutarel sowie André Hugon; weiter im April die sechzehnjährige Anne Blanc aus Grèzes, Louise Poulet aus Menial und die 48 Jahre alte Ordensfrau Marie Bastide vom Tiers-Ordre Carmelite. Im Mai starben die sieben Jahre alte Marie Denty aus Septsol und der fünfzehn Jahre alte Joseph Meyronnenc bei Montchauvet.

Hinzu kommen sieben Menschen, die die Angriffe verletzt überlebten und elf, die rechtzeitig gerettet werden konnten.

Neue Jagdzüge wurden organisiert, man griff zu dem Plan, auf verschiedene Weise das Untier mit Gift unschädlich zu machen.

Die Bevölkerung griff ihrerseits zu eigenen Mitteln: In großen Prozessionen zogen Pilger zur Notre-Dame des Tours in Saugues oder zur Notre-Dame de Beaulieu bei Paulhac.

Jean Joseph de Chateauneuf-Randon, Marquis von Apchier, machte es anders und führte am 19. Juni 1767, nachdem in den zwei Tagen zuvor vier Kinder umgebracht worden waren, einen eigenen Jagdzug in die Nähe von Nozeyrolles d'Auvers, an dem auch der Bauer und Jäger Jean Chastel teilnahm. Ihm lief ein

Wolf vor das Gewehr und wurde mit einem Schuss in die Schulter getötet. Zweifellos war es das menschenfressende Tier, nach dem man suchte: Als man nämlich seinen Magen öffnete, musste man eine menschliche Schulter darin entdecken. Sie gehörte zu einem Mädchen, welches er einen Tag zuvor bei Pébrac und Desges getötet hatte. Sie war das letzte Opfer der wilden Wölfe vom Gévaudan und so steht am Ende wie am Anfang ein für uns namenloses Kind.
Das getötete Tier war ein großer männlicher Wolf mit rötlichem Fell, großem Kopf und extrem langer Schnauze, welche er sehr weit hatte öffnen können.

Der Kadaver wurde nach Paris gebracht und der bedeutende Zoologe Buffon erkannte in ihm einen extrem großen Wolf, konnte aber nichts weiter daran

untersuchen, weil der Kadaver allzu sehr verwest war und sofort vergraben werden musste. Diese Nachricht ist aber nur mündlich überliefert und nicht belegt.
Dem Urteil des Zoologen wurde von dem Geistlichen Abbé Trocellier entgegen gehalten, dass das Tier zwar aussehe wie ein Wolf, aber keiner sei. Seine Vorderbeine seien zu kurz, die Ohren sähen anders aus und viele andere Einzelheiten seien nicht wie bei einem Wolf. Er halte es für ein „monstre".

Eine Gefährtin des getöteten Wolfs wurde acht Tage nach diesem in Bessière-Saint-Mary von dem Wolfsjäger Jean Terrisse erschossen.

Nach dem 19. Juni 1767 wurde kein weiteres Unglück durch einen Wolf bekannt.

Die Erinnerung an den großen Wolf vom Gévaudan, an die Ängste und die Leiden, an den Kummer, den Schmerz und die Trauer, die er verursacht hatte, blieb aber bis heute bewahrt, wurde bedauerlicherweise aber auch von manchen Kreisen in den Bereich des Legendären, des Mystischen und sogar des Mythologischen verschoben.

Westliche Margeride mit St.-Chély d'Apcher, St. Alban, le Malzieu und weiteren im Text genannten Orten

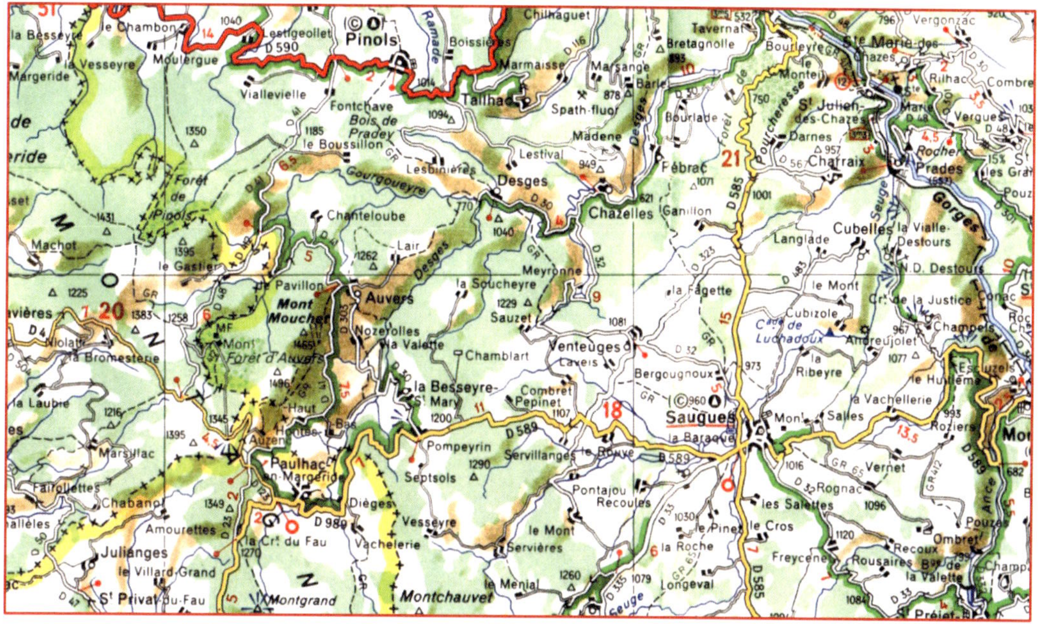

Nordöstliche Margeride mit Saugues, St. Julien-des-Chazes, Noze(y)rolles d'Auvers und weiteren im Text genannten Orten

Dieser Text ist keine Stellungnahme zu der aktuellen Frage, ob es verboten oder geduldet oder gefördert werden müsse, dass Wölfe in Deutschland wieder frei leben können. Ich habe zu dieser Frage keine Meinung.

Um eine Vorstellung nicht von dem Grauen der Überfälle, aber von der Gefährlichkeit der Wölfe zu erhalten, gebe ich zu bedenken:
Im Gévaudan kamen zwischen Juni 1764 und Juni 1767 ca 67 Menschen durch Wölfe um oder wurden schwer verletzt[1]. Also ca alle 16 Tage 1 Mensch. Bei von Jägern verursachten Jagdunfällen starben in Deutschland in dem einen Jahr 2019 zehn Menschen, auf den entsprechenden Zeitraum hochgerechnet also ungefähr alle 30 Tage ein Mensch. Die Wölfe vom Gévaudan waren also doppelt so gefährlich wie Jagden in Deutschland, aber auch nicht mehr. So gefährlich wie der Wolf oder die Wölfe vom Gévaudan ist freilich kaum ein Wolf. Auch aus Nordamerika liegen nur einzelne, seltene Meldungen zur Gefährdung von Menschen durch Wölfe vor. Dennoch – jeder einzelne Fall ist grausig und traurig.

---

1 Manche Auflistungen kommen auf 119 Tote. Ich habe sie hier nicht übernommen, weil ich nicht weiß, auf welche Quellen sie zurückgehen.